别瞎操心了，来玩新的游戏。

这可太神了

一求 著
江湖 绘

北京理工大学出版社

单人㊙玩法

① 把书放在桌上或捧在手中，闭上眼睛。

② 用几秒钟的时间，屏气凝神思考一个你想问的问题。

③ 深呼吸，凭你的感觉，任意翻开书中的一页。

④ 睁开眼睛，页面右侧就是你问题的答案，解析在其后面一页。

⑤ 重复上述动作，提出新的问题，探索答案。

多人玩法

① 玩家闭上眼睛,深呼吸,专注于想要询问的问题。

② 根据页码序号,让玩家选择一个单数页码,翻到对应的那一页就是答案。

③ 重复动作后提出新的问题,探索你们的答案。

神叨叨

① 避免就一个问题反复提问,因为不同的答案会让你更加困惑。

② 思考问题时尽量保持真诚和具体,这样答案会更有针对性。

③ 书中的答案并不是万能的,真正的智慧与力量,还需要在实践中领悟。

马上你就会经历
比糖瓜还要甜的事情

★ 翻开下页查看解析→

> 这可太神了

灶神说: "保持积极向上的心态,有时会帮助你吸引更多美好的事物来到身边。"

* 灶神是守护灶房、灶台的神,每年腊月,人们都会用糖瓜等小甜点来供奉灶神。

别忘记要时刻享受这份喜悦

★翻开下页查看解析→

这可太神了

喜神 **说:** "知足常乐。我们应该学会欣赏自己所拥有的,而不是总追求更多。"

* 喜神是古代人们普遍敬奉的一位有着吉祥与喜乐寓意的神仙,旧时民间有"迎喜神"的习俗。

问问曾经帮过你的人

太乙救苦天尊

★ 翻开下页查看解析→

这可太神了

太乙救苦天尊 说:"曾经帮助过你的人,可能会因为想保持自己乐于助人的形象,更愿意再帮你一次。"

 ＊太乙救苦天尊对众生极其慈悲,只要听到受苦的人念自己的名号,他就会立刻赶到,救人于水火之中。

放宽心，会有好结果的！

这可太神了

弥勒佛说:"佛系一点,有时过度紧张或想太多,实际上也是为自己设置障碍。"

---

* 作为未来佛,弥勒佛总是以慈颜常笑、大肚能容的形象示人,让人心生欢喜。

细节决定成败

姜子牙

★ 翻开下页查看解析→

这可太神了

姜子牙说:"看似微不足道的小问题,若不及时解决,可能会引发更大的灾难。"

* 姜子牙是小说《封神演义》中阐教教主元始天尊的弟子,为人忠厚仁义,在治国理政方面展现出过人的才华。

躺平吧

> 这可太神了

床神 **说:**"遇到难题先放一放,过一段时间或许会得到意想不到的满意答案。"

* 床神是中国古代民间敬奉的重要家宅神,有男女之分,分别叫作床公和床婆。

不要勉强

★翻开下页查看解析→

|这可太神了|

月老 说:"学会尊重他人的选择,同时也要温柔地对待自己,一切都会有最好的安排。"

 ＊月老是中国古代神话中的姻缘神,手中有一本登记世间众人姻缘归属的姻缘簿。

这会是你的耀眼时刻

★翻开下页查看解析→

这可太神了

西王母说:"请务必相信你自己,你的自信和强大往往能给你带来充沛的能量回馈。"

---

* 西王母凭借自身的资历和品格,被奉为统领众仙女的最高女神,也被大家尊称为"王母娘娘"。

要有成功的决心

★ 翻开下页查看解析→

这可太神了

盘古说:"强烈的成功信念所构建的胜利蓝图,会增加你成功的可能性。"

*盘古是最早的创世神,传说他用手和脚撑开天地,最终因力竭而倒,其身体化成了世间万物。

不要急于否定自己

★翻开下页查看解析→

> 这可太神了

刑天 说:"把每次挫折都看作学习和成长的机会,不仅能更快恢复,还会变得更加坚韧。"

---

* 刑天被黄帝斩下头颅后,虽身死,意志却不肯屈服,终得以双乳为目,以肚脐为口,手持干戚,继续战斗。

这需要你的坚持

★ 翻开下页查看解析→

> 这可太神了

鲧 说:"成功往往就来自于再坚持一下的努力之中。"

* 传说,鲧是禹的父亲,曾为了治理洪水盗走了黄帝的宝物息壤,后来大禹继承并完成了他的遗志。

可以让家人
助你一臂之力

雷震子

★翻开下页查看解析→

这可太神了

雷震子**说:**"在有人指导或相互合作的时候,或许比自己单打独斗时要厉害得多。"

* 雷震子是小说《封神演义》中阐教的弟子,在吃了师父云中子的两颗仙杏后,外貌发生了变化,法力也大增。

清理无意义的执念

玄都大法师

★ 翻开下页查看解析→

这可太神了

玄都大法师说:"不要将无用的信息填满你的头脑,懂得卸下包袱才是真正成熟的开始。"

* 玄都大法师是小说《封神演义》中阐教教主太上老君的亲传弟子,他和太上老君一样,主张清静无为,淡泊名利。

慢慢来

★翻开下页查看解析→

> 这可太神了

南极仙翁说:"把注意力和能量从外界转移到自身之上,心不散乱,才会逐渐找到自己的节奏。"

* 南极仙翁是一位额头饱满、笑容可掬的白须老人,同时也是代表幸福、长寿的寿星。

寻找别的解决办法

★ 翻开下页查看解析→

这可太神了

户神**说:**"不要总盯着那扇关闭的门,要留意那扇为你打开的窗。"

＊在古代,两扇门称门,一扇门称户,户居于室内,户神就是守护室内之门的神。

勇敢迈出这一步

★翻开下页查看解析→

> 这可太神了

门神 说:"如果你选择停留在原地,就永远无法看到新的风景。"

---

* 传说秦琼与尉迟恭为唐太宗守门,被奉为门神。民间也有"贴门神"的习俗,有辟邪、保平安的寓意。

一切顺利

★翻开下页查看解析→

> 这可太神了

厕神说:"万事开头难,一旦坚持撑过临界点,前面所做的努力就会成为后面的推动力。"

 *厕神是与厕所有关的神,能占卜世人的吉凶命途。

你的长辈会告诉你答案

★翻开下页查看解析→

> 这可太神了

女娲,说:"长辈也许能从更高的层面来看待事情,帮助你实现弯道超车。"

 * 女娲是上古最早的创世神,犹如母亲一样,深受地上生灵的崇拜与敬爱。

只需做你自己

泰山王

★ 翻开下页查看解析 →

> 这可太神了

泰山王 说:"每个人都应该有一套自己的判断标准,它是你不被外界声音轻易左右的重要依靠。"

 * 泰山王是地府第七殿的阎王,凡是生前用不正当手段炼制药物、离间他人骨肉至亲的亡魂,都会被泰山王处以刑罚。

属于你的迟早会来

这可太神了

于儿神说:"不要看见别人发光就觉得自己暗淡,每个人都有自己独特的光芒,只是发光的阶段不同。"

* 于儿神是夫夫山的山神,外表像人但身缠两条蛇,平时喜欢到江河中游逛,出入水面时会散发异样的光芒。

睡一觉再去想

司夜之神

★翻开下页查看解析→

〖这可太神了〗

司夜之神说:"不妨尝试放下烦恼,好好休息一晚,也许答案就会在清晨时分自然浮现。"

 ＊司夜之神是为天帝守夜的十六位神人,每当夜幕降临,便彼此手拉手,守护沉睡的生灵。

在没人的地方
把心里话喊出来

★翻开下页查看解析→

> 这可太神了

夔 说:"把情绪通过呼吸和声音释放出去,培养解脱感,这也是快乐之道。"

 * 夔是《山海经》中记载的一只单足神兽,传说它能发出雷霆一般的声音,若用它的皮制成一面鼓,敲出的声音可传至五百里之外。

先抓重点

★ 翻开下页查看解析→

> 这可太神了

天吴 说:"优先处理重要且紧急的任务,避免过度思考导致思绪陷入混乱。"

---

 *天吴是水神,它有着老虎的身躯和八个脑袋,每个脑袋都长着人的面孔,其身后还拖着八条尾巴。

认清时局,明辨是非

★ 翻开下页查看解析→

这可太神了

殷洪说:"只有对身处的环境有足够的认识,才能更好地把握进退的尺度。"

 * 殷洪是小说《封神演义》中商纣王的儿子,也是赤精子的徒弟,但由于商周大战期间听信了申公豹的谗言,违背师命,最后化为飞灰。

专注于你手头的工作

★ 翻开下页查看解析→

> 这可太神了

常羲说:"专精于一个领域,并为此努力探索,这是千古智者的成功定律。"

 *常羲是月亮之神,她的工作就是指挥和监督十二个月亮轮流值守夜晚。

一切尽在掌握中

★翻开下页查看解析→

这可太神了

泰逢说:"当你有详细的计划和明确的目标时,你就可以掌控事情的结果。"

---

* 作为驻守和山的山神,泰逢能够支配穿行在天地间的气流,从而掌控风云的变幻,兴云致雨。

你需要先提升自己

★翻开下页查看解析→

> 这可太神了

烛阴 说:"抱怨环境不如自己创造环境,专注于自身的成长,才能获得更强大的磁场。"

---

 *烛阴是居住在钟山的山神,长着人的面孔和蛇的身躯,他不仅能决定昼夜的变换,还能调节山海世界的时令和气候。

顺势而为

★翻开下页查看解析→

> 这可太神了

员神魂氏 说:"按照事物的自然发展规律去行动,可以减少阻力,使事情进行得更加顺畅。"

* 世间万物的影子都会在太阳东升时朝向西方,而员神魂氏的工作就是等到太阳西落时,将影子拨向东方。

严格要求你自己

★翻开下页查看解析→

这可太神了

羲和说:"当把律己当成一种习惯的时候,你会在有限的时间内完成更多的事情。"

---

* 太阳之神羲和每天都会严格按时驾车带着太阳东升西落,从而实现白天和黑夜的完美更替。

真心付出便会得到回报

★翻开下页查看解析→

> 这可太神了

英招 说:"所有的努力和付出,都会在某个时刻回到你身边,带来意想不到的结果。"

*英招是为上古时代的历任天帝看管花园的神,因击退了无数心怀不轨的不速之客而威名远扬。

遵守规则

> 这可太神了

伏羲说:"在面对复杂的情况时,遵守规则的人往往更能做出明智和负责任的选择。"

---

 *伏羲是创世神之一,他不仅在人类诞生之前就建立了专属于人类的法则与秩序,还帮助人们认识自然规律。

寻求朋友的帮助

★翻开下页查看解析→

骄虫说:"一个人的能力有限,但与优秀的人同行时,就能创造出更多的可能。"

---

* 骄虫是平逢山的山神,他最大的特点是长着两颗头,这两颗头平时谈天说地、相互作伴。

准备好了就不要犹豫

★翻开下页查看解析→

这可太神了

雷神 说:"既雷厉风行又不盲目冲动的人,更容易在复杂多变的环境中做出正确的决策。"

 *雷神是掌控雷电的神,长着龙的身躯和人的头,只要他一拍肚子,就会发出轰隆隆的雷声。

你只需要坦然面对即可

★翻开下页查看解析→

> 这可太神了

长乘说:"当你的内心保持平静与中立,才能以平和的心态面对生活中的挑战。"

 * 长乘是掌管嬴母山的山神,他有着人的身躯和狗的尾巴,端庄凝重、温厚公正,是世人的楷模。

保持神秘

★翻开下页查看解析→

> 这可太神了

蠪围 说:"不要一时冲动就向他人透露所有,适当保持神秘感有时会对你有利。"

---

* 蠪围是《山海经》记载的一种生活在水中的神秘生物,它的面孔像人,却长着羊角和虎爪,出入水面时常伴随神秘的光亮。

不必在意他人的眼光

★翻开下页查看解析→

这
可
太
神
了

计蒙 说:"内心自由洒脱,外在自然会散发魅力,
让你走起路来都带风。"

---

 *计蒙长着龙的头和人的身体,因其一举一动总是伴随着狂风和暴雨而被人们奉为雨神。

去公园看看

★ 翻开下页查看解析 →

这可太神了

句芒说:"不管世界有多纷繁复杂,大自然神奇的疗愈力都会给你内心带来一丝平静。"

---

* 句芒是木神和春神,有着鸟的身躯,乘着两条龙,辅佐东方天帝太昊掌管草木生长和生机勃勃的春季。

你应当慷慨地伸出援手

巫山神女

★ 翻开下页查看解析→

巫山神女说:"当你不遗余力地成就他人时,也就不知不觉成就了自己。"

---

 * 巫山神女是炎帝的女儿,她从小便在父亲的影响下仁爱地护佑着巫山百姓,死后被人们奉为巫山的神灵。

你期望的将会如愿

昊天上帝

★翻开下页查看解析→

昊天上帝 说:"你对一件事的信念越强烈,这件事往往就越有可能朝着你所希望的方向发展。"

 * 昊天上帝就是百姓口中的"老天爷",他主宰着天地自然、宇宙万物,在一些重要的日子里人们都会诚心向他祈福。

本页后的第二个答案

三宝玉如意

这可太神了

 *三宝玉如意是小说《封神演义》中阐教教主元始天尊的法宝,能抵挡其他一切法宝的攻击。

做对的事

> 这可太神了

九天玄女说:"在面对压力、诱惑或困难时,从长远和全局的角度考虑,坚持做对的事,能让你获得内心的安宁。"

*九天玄女作为正气凛然的女神,曾奉西王母之命借助兵法和符印帮助黄帝战胜了蚩尤。

不要妄自菲薄

★ 翻开下页查看解析 →

> 这
> 可
> 太
> 神
> 了

女魃说:"你不必过分地看轻自己,有时你的缺点亦是你的优点。"

 * 女魃是黄帝的女儿,也是干旱之神,她所到之处都会变得极度干旱,但这种令人恐惧的神力也曾帮助黄帝战胜了自己的对手蚩尤。

是时候做出改变了

★ 翻开下页查看解析→

> 这可太神了

水虺说:"与其让抱怨成为你的生活常态,不如积极主动地寻求改变。"

---

* 水虺就是水蛇,也是传说中的龙的原始形态,它可以通过不断修行,最终成为长着翅膀的应龙。

会平安渡过这次难关

★翻开下页查看解析→

这可太神了

黑无常说:"面对逆境时保持沉着冷静,你就拥有了化被动为主动、将危机转化为机遇的力量。"

 * 黑无常和白无常是一对鬼差,负责引导亡魂去地府。黑无常的帽子上写有"天下太平",传达了一种对社会和谐、天下太平的美好祝愿。

防患于未然

春瘟使者·张元伯

★ 翻开下页查看解析→

｜这可太神了｜

张元伯说:"一旦发现自己处于危险境地,不要心存侥幸,要及时离开。"

---

* 张元伯是春瘟使者,也是掌管东方瘟疫的瘟神,长着人身鸟头,在民间,人们通过祭祀来祈求他的庇佑,以避免春季瘟疫的侵袭。

想做什么就去做吧

★翻开下页查看解析→

> 这可太神了

勾陈大帝说:"每个人都有自己的梦想和目标,这些内在的愿望就是推动我们前进的动力。"

* 勾陈大帝统管人间战事,是一位兼具政治与军事才能、统筹与管理能力的"全能型"尊神。

马上会有好结果

★翻开下页查看解析→

应龙说:"没有什么开挂的人生,成功只不过是厚积薄发。"

*应龙是一种有翼的龙,在神话传说中十分有名,曾作为黄帝的大将斩杀了黄帝的对手蚩尤。

换一种策略

★翻开下页查看解析→

这可太神了

禺强说:"在一些困难时刻要懂得主动变通,才能更好地适应变化,实现更长远的发展。"

※ 禺强是北方天帝颛顼的属神,也是北方的海神和风神。随着职位的切换,他的形象也会灵活自如地变幻。

谨慎行事

> 这可太神了

金枷将军说:"要慎重做出自己的每一个选择,以免为自己和他人带来不必要的痛苦和麻烦。"

---

* 金枷将军是城隍爷的部下,他常常与银锁将军彼此配合,将亡魂押送至奈河桥,职责类似于古代的捕快。

需要借助工具

★翻开下页查看解析→

这可太神了

蚩尤说:"寻找适用于问题的工具并运用它们,用最小的努力获得最大的突破。"

* 蚩尤是上古时代九黎部落联盟的首领,他发明的刀、戟等锋利的兵器使得自己的军队在战场上所向披靡。

相互推动

★翻开下页查看解析→

这可太神了

雨师说:"只有在双方相互推动时才会事半功倍,相互抵触则会一事无成。"

---

* 雨师是上古时代的雨神,是蚩尤的部将,曾与风伯默契配合,在蚩尤与黄帝的大战中给黄帝的军队带来了极大的困扰。

抛弃不切实际的幻想

★ 翻开下页查看解析→

> 这可太神了

蜃龙说:"要脚踏实地追求真实可行的目标,不要沉迷于不切实际的幻想。"

 * 蜃龙是《西游记》中泾河龙王的第八个儿子,传说嘘出的气能化成楼台和城郭,且常常在下雨前显现,这便是古人对"海市蜃楼"的解读。

冷静处理

★ 翻开下页查看解析→

这可太神了

共工神说:"致使你崩溃的有时不是问题的本身,而是你面对问题的方式,不要让情绪控制你。"

*共工是火神祝融的儿子,曾发动战争反叛颛顼的统治,最后因不愿接受战败的结果,一怒之下撞向了不周山。

总结好这次的经验教训

★ 翻开下页查看解析 →

> 这可太神了

哪吒说:"所有巨大改变的开端,都属于那些面对错误能飞快调整并改正的人。"

---

* 小时候的哪吒爱闯祸,曾自毁肉身赎罪,复活后潜心修炼,最终成为受人爱戴的天将之一。

数到三，再翻一次

这可太神了

---

 *太极符印是小说《封神演义》中元始天尊的护身法宝,法力强大,可以抵挡法术的攻击。

让它随风而去吧

★ 翻开下页查看解析→

> 这可太神了

太上老君 说:"不必在意那些曾让你伤心的人或事,你的精力有限,应该用来珍惜现在,拥抱未来。"

 * 太上老君被道教奉为最高尊神,也是小说《封神演义》中阐教的教主之一,法力高深,在面对危机时总是非常从容。

做到心中有数

> 这可太神了

燃灯道人 说:"谋局者要对时局洞若观火,才能采取有效的措施取胜。"

---

* 燃灯道人是小说《封神演义》中阐教的弟子,善于运用智谋和法宝,在商周大战期间立下了赫赫战功。

真金不怕火炼

金银童子

这可太神了

金银童子说:"意志坚定的人是经得起任何考验的,凡是打不倒你的,都会让你更强大。"

* 金银童子是小说《西游记》中为太上老君看守炼丹炉的两名童子,曾受观音菩萨的委派,下凡成为金角大王和银角大王考验唐僧师徒。

顺其自然

★翻开下页查看解析→

> 这可太神了

元始天尊 说:"放下无谓的挣扎,不再执着于既定事实时,转机便会出现。"

* 元始天尊是小说《封神演义》中阐教的教主,神通广大,法力无边,门下弟子众多。

微笑面对

中瘟使者·史文业

> 这可太神了

史文业 说："面对逆境保持积极乐观的心态，可以减少心理压力，激发解决问题的创造力。"

---

* 史文业是中瘟使者，也是主管中央方位的瘟神，他有着完整的人身形象，在民间，人们通过祭祀来祈求他的庇佑，以祛邪和避灾。

生活中的美好往往
隐藏在细微之处

★翻开下页查看解析→

> 这可太神了

慈航道人说:"留心生活中的点点滴滴,感受和珍惜那些细微处的真情。"

---

* 慈航道人是小说《封神演义》中阐教的弟子,他有着慈悲心肠,手持一个名叫清净琉璃瓶的法宝,能够把敌人吸入瓶中并使之化为脓水。

清除你身边的障碍

★翻开下页查看解析→

这可太神了

钟馗 **说:** "不要把本该用来提升自己的时间,耗费在不值得的人身上。"

---

* 钟馗是掌管地府中罚恶司的判官,他会根据亡魂生前恶行的大小判定其应受的责罚。

不要过于绝对

★翻开下页查看解析→

这可太神了

惧留孙 说:"处理事情不宜绝对,留有余地,才能从容应对各种复杂的情境。"

* 惧留孙是小说《封神演义》中阐教的弟子,在传授弟子法术时,喜欢有所保留,但这也为他省去了一些大麻烦。

大胆说出来

★翻开下页查看解析→

> 这可太神了

日光菩萨说:"有时候,沉默虽然礼貌,却也掩藏了真相,让对方错失了解真相的机会。"

---

 * 日光菩萨通常跟随在东方流璃世界的教主药师佛身边,他能帮助世人冲破蒙昧、实现自我觉醒。

放任自己这一回

太乙真人

★翻开下页查看解析→

> 这可太神了

太乙真人说:"不要总让自己处于高压状态,压力过大反而适得其反。"

---

* 太乙真人是小说《封神演义》中阐教的弟子,以"护短"出名,对自己徒弟的关爱甚至已经到了溺爱的地步,对爱徒哪吒尤其如此。

接受已经发生的事

长生大帝

★翻开下页查看解析→

这可太神了

长生大帝 说:"事情总有好结果或者坏结果,做好分内的事,剩下的交给命运。"

---

 * 长生大帝又称"玉清真王",掌管天下一切生灵的寿命与运数。

别想，先去做

> 这可太神了

草衣翁说:"想多了全是问题,只有脚踏实地去做才会有答案。"

* 草衣翁本是一只仙鹤,曾救下过一个差点被大鱼吃掉的人,那人为了报恩,就将样貌和姓名借给了草衣翁。

事过翻篇

★翻开下页查看解析→

> 这可太神了

文殊广法天尊说:"没有真正快乐的人,只有想得开的人,经历的意义在于引导你,而不是定义你。"

---

 * 文殊广法天尊是小说《封神演义》中阐教的弟子,曾在一场大战中打败了截教的虬首仙,但他并没有将虬首仙杀死,而是将其收为了坐骑。

找准关键点

玉鼎真人

★ 翻开下页查看解析 →

这可太神了

玉鼎真人 说:"关键点可以帮你迅速定位问题的根源,从而避免在无关紧要的细节上浪费时间。"

 * 玉鼎真人是小说《封神演义》中阐教的弟子,法力高强,又博闻强识,他总是在关键时刻对阐教或周营出手相助。

保持平常心

★翻开下页查看解析→

> 这可太神了

曹国舅说:"越是遇到棘手的任务越要保持平常心,这样会大大提高你的工作效率和成功率。"

*曹国舅是家喻户晓的'八仙'之一,他出身显赫,却淡泊名利,厌恶世俗纷争。

先做重要的事

★ 翻开下页查看解析 →

这可太神了

道行天尊，说:"先做了哪些事永远比做了多少事更为重要。"

 * 道行天尊是小说《封神演义》中阐教的弟子,他非常注重人才培养,他的徒弟曾在战场上立下了汗马功劳。

再考虑一下

牛头

★翻开下页查看解析→

这可太神了

牛头**说:**"在行动之前考虑行为的可能后果,能帮你做出更加明智的决策。"

* 牛头因生前不孝顺父母,死后变成牛头人身,成为幽冥阴间的勾魂使者。

站在他人的角度看问题

云中子

这可太神了

云中子 说:"同理心可以使我们更加关注他人的需求和感受,从而更好地了解他人的内心世界。"

 ＊云中子是小说《封神演义》中阐教的弟子,他对世人怀有悲悯之心,即使商周大战结束之后,他也一直心系周朝的前途。

投入其中

★ 翻开下页查看解析→

> 这可太神了

豹尾说:"有些事情,不是有意义你才去做,而是你想做,它才会变得有意义。"

---

* 豹尾是幽冥阴间的阴帅,负责拘拿、引导地上所有走兽的亡魂前往地府,使它们能够顺利进入阴间,接受应有的审判和安排。

不值得你难过下去

★翻开下页查看解析→

这可太神了

鲛人说:"生活中的每一次低谷,都是你积蓄力量的好时机。"

---

* 传说当鲛人哭泣时,他们的眼泪便会化为珍珠,故有"鲛人泣珠"的典故流传于世。

靠自己你也可以

无当圣母

★翻开下页查看解析→

> 这可太神了

无当圣母说:"要学会在自己的世界独善其身,把精力收拢起来,用到真正有用的事情上。"

 *无当圣母是小说《封神演义》中通天教主的弟子,她既没有厉害的法宝,也没有优秀的徒弟,却能于群战中独善其身,实力也应该相当不俗。

这将会是你成长的机会

★ 翻开下页查看解析→

【这可太神了】

李靖 说:"遇事不必惊慌失措,给自己成长的机会,人生会因经历不断丰富而日臻完美。"

 * 李靖因小儿子哪吒个性顽劣而头疼不已,但随着哪吒的成长和其在战场上的英勇表现,李靖最终也认可了哪吒。

你的善良会成就未来的好运

十八姨

★ 翻开下页查看解析→

这可太神了

十八姨说:"当你用善良的眼光看待世界,便会发现生活的美好与温暖无处不在。"

---

* 十八姨是一个善良的老虎精,经常告诫人们要常存良善之心,不要做坏事。

摒弃不必要的
繁琐和奢侈

★ 翻开下页查看解析→

| 这 |
| 可 |
| 太 |
| 神 |
| 了 |

楚江王 说:"选择一种简单纯粹的生活方式,会帮助你减少负面情绪的不利影响。"

* 楚江王是地府第二殿的阎王,凡是生前曾使用暴力伤人作恶的亡魂,都将交给楚江王处罚。

这次不算,重新翻一次

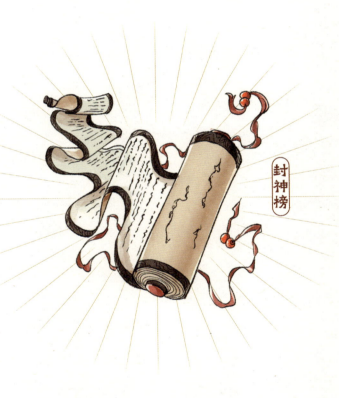

这可太神了

 * 封神榜是小说《封神演义》中的封神文书,上面写着三百六十五个名字。凡是名字在封神榜上的人,死后都会在封神台上受封神位。

那就向着你的目标前进

★翻开下页查看解析→

> 这可太神了

猫将军说:"无论何时何地,清晰的目标都是通往成功之路不可或缺的重要指南。"

＊古代有猫变成精怪而被奉为神明的故事,人称"猫将军",甚至还有供奉"猫将军"的庙宇,路过的人们都会向"猫将军"请示路途的吉凶,据说十分灵验。

你可以创造奇迹

金毛童子

★ 翻开下页查看解析 →

金毛童子说:"不要过多在意我们的渺小,认真且真诚,渺小的人生也可以变得伟大。"

---

 *金毛童子是小说《封神演义》中的阐教弟子,曾在山中看守一件名叫三尖两刃刀的宝器,后来三尖两刃刀成为杨戬的武器,金毛童子也成了杨戬的徒弟。

坚守本心，
不要迷失方向

★翻开下页查看解析→

这可太神了

黄天化 **说：**"不要让外界的干扰扰乱节奏，越过光环的束缚，才能更好地前行。"

---

* 黄天化是小说《封神演义》中的阐教弟子，清虚道德真君的徒弟，武艺高强，在帮助武王伐纣的过程中，因狂妄轻敌吃了败仗。

全面地看待问题

★翻开下页查看解析→

这可太神了

赵公明 说:"不要因为把眼光局限在一个方面,而导致无法看到问题的全貌。"

---

* 赵公明是小说《封神演义》中的截教弟子,虽然因性格冲动在战场上吃过亏,但他愿意为了朋友和信仰而战的精神是值得人们尊敬的。

查证事情的原委

★翻开下页查看解析→

这可太神了

陆之道 说:"视觉上的注视只会停留在事物表面,深
入内心的思考才是你看透真相的方式。"

---

  *陆之道是掌管地府中察查司的判官,他有一双能看透人心的眼睛,
负责查明鬼魂生前的冤屈,使蒙受冤屈的亡魂有机会昭雪平反。

多想想美好的一面

★翻开下页查看解析→

> 这可太神了

魃武罗说:"要有一双发现美的眼睛,欣赏的是别人,变好的其实是自己。"

 *魃武罗是一位英姿飒爽的人面豹纹女神,她腰肢纤细,牙齿洁白,耳戴金环,充满魅力。

不要被物质欲望所驱使

上清童子

★ 翻开下页查看解析→

这可太神了

上清童子说:"精神上的富足,虽然无法用金钱来衡量,但却是一种更为持久的财富。"

 *上清童子本名叫元宝,是一枚铜钱精,本体有聚财的能力,白天还会变成小道士与人谈古论今。

汲取教训

★翻开下页查看解析→

> 这可太神了

白素贞说:"允许结果不遂人意,出错不怕,就怕你没有改过自新的勇气。"

---

* 白素贞曾因许仙与法海对峙,犯下许多滔天大罪,最后她悔过自新,从雷峰塔下被放出后与许仙一同飞升为仙。

出门走走吧

颜如玉

★翻开下页查看解析→

这可太神了

颜如玉说:"既要读万卷书,也要行万里路,所谓'走运',就是走得多,机遇就多,运数自然入怀。"

 *颜如玉是一位由书变成的精怪,但她并不强迫人类读书,相反,她劝诫人们多关注书本之外的世界。

只需对父母说声 "谢谢"

都市王

★ 翻开下页查看解析 →

> 这可太神了

都市王说： "要常常向父母表达爱意，来自家庭的温暖和支持可以帮助你清理心中的负面情绪。"

* 都市王是地府第八殿的阎王，凡是生前常使父母亲人忧愁伤感的亡魂，都会受到都市王的严惩。

对事情过度关注
会限制你的思维

火灵圣母

★翻开下页查看解析→

这可太神了

火灵圣母说:"制订未来的可行计划,保持对全局的把握,减少因短期压力而做出的片面决策。"

* 火灵圣母是小说《封神演义》中的截教弟子,原本潜心闭关修炼,后来为了给其爱徒胡雷报仇而滥杀无辜,最后自己也丢了性命。

别怕犯错

八部天龙广力菩萨·敖烈

★翻开下页查看解析→

> 这可太神了

敖烈 说:"错误会促使人们反思并调整策略,从而积累解决问题的经验和智慧。"

---

* 敖烈原本是西海龙王之子,因烧毁明珠被罚,后化为白龙马协助唐僧取经,最终修成正果,被如来封为八部天龙广力菩萨。

调整心态

★ 翻开下页查看解析→

> 这可太神了

王魔 说: "你的心态决定了你对事情的看法,而看法决定行为,最后就会导致不同的结果。"

 * 王魔是小说《封神演义》中在九龙岛上修炼的截教仙人,曾在商朝太师闻仲的邀请下,出山帮助商纣王讨伐周室。

珍惜你的独特之处

洛神

★ 翻开下页查看解析→

这可太神了

洛神说:"在美丽的表象背后,真正打动人心的是一个人独特的魅力和价值。"

---

* 传说洛神原本是伏羲的女儿,名叫宓妃,她身姿曼妙,容貌绝美,却不幸在洛水溺亡,死后便成为洛水之神。

管他呢

何仙姑

★翻开下页查看解析→

这可太神了

何仙姑说:"面对无法改变的环境,积极调整心态才能微笑面对生活。"

 * 何仙姑是"八仙"中唯一的女仙,她手执荷花,象征出淤泥而不染的品格。

放弃吧

★翻开下页查看解析→

> 这可太神了

李兴霸 说:"求而不得的时候就该考虑放手,明智的放弃胜过盲目的执着。"

 *李兴霸是小说《封神演义》中在九龙岛上修炼的截教仙人,在为自己的同修王魔报仇的混战中,因寡不敌众,落荒而逃。

把目光放长远

★ 翻开下页查看解析→

这可太神了

闻仲 说:"不要只局限于眼前的目标,眼光长远才能帮你把握事物的发展变化,提前采取应对措施。"

* 闻仲是小说《封神演义》中的人物,他辅佐商纣王,道法高强,额头上有一只神目,能让他看到远处发生的事情。

近朱者赤，近墨者黑

长耳定光仙

★ 翻开下页查看解析 →

这可太神了

长耳定光仙 说:"时刻警惕所处情景的影响,避免在不良环境中沦为恶的帮凶。"

* 长耳定光仙是小说《封神演义》中的截教弟子,虽然他背叛了师门,投奔了周营,但也因此改变了命运,为自己赢得了一个好结局。

秉持正直之心

文财神·李诡祖

★ 翻开下页查看解析→

> 这可太神了

李诡祖 说:"正直的人不仅会赢得他人的尊重和信任,更会为自己积累无形的福报。"

---

* 李诡祖原本是北魏孝文帝时的一位县令,生前清正廉洁、体恤百姓,故去后有着"增福相公"的称号。后来,民间逐渐将李诡祖奉为文财神。

清醒一点

斗战胜佛·孙悟空

孙悟空 说:"找到问题的本质,而不是停留在表面。"

  * 孙悟空拥有一双"火眼金睛",能在保护唐僧西天取经的路上快速分辨人和妖。在护送唐僧取得真经后,孙悟空被封为斗战胜佛。

需要勇气的加持

★翻开下页查看解析→

> 这可太神了

玉皇大帝**说：**"面对困难或者机遇时要勇敢尝试，你会发现，实现心中所想其实并不难。"

---

* 玉皇大帝，简称玉帝，是总领诸天仙神和三界众生的最高统治者。

不要忽略任何信息

★翻开下页查看解析→

> 这可太神了

普贤真人 说:"深入分析各类信息之间的关联性,可以发现隐藏在信息背后的规律和趋势。"

---

 * 普贤真人是小说《封神演义》中阐教的弟子,曾借用法宝太极符印破解了截教的"两仪阵",对武王伐纣做出了重大贡献。

低调行事

★翻开下页查看解析→

这可太神了

灵宝大法师 说:"生活中要懂得适时收敛锋芒,以免过度张扬而招来不必要的麻烦。"

 *灵宝大法师是小说《封神演义》中阐教的弟子,他的能力其实很强,但经常隐藏自己的实力,故意表现得平平无奇。

你说了算

> 这可太神了

紫微大帝 说:"真正的自由,是凭借智慧与勤奋,挣脱束缚,掌握自己的人生决策权。"

---

* 紫微大帝是"万星之主",统管天上的星星,同时还掌管阴间地府和一切自然现象。

冥想一会儿吧

释迦牟尼佛

★翻开下页查看解析→

这可太神了

释迦牟尼佛说:"将注意力集中在当下,身心会获得深度的宁静状态,这有利于改善你的心情,减轻你的焦虑。"

  * 释迦牟尼佛常被称为"如来佛祖",是佛教创始人,成佛前曾在菩提树下打坐七天七夜。

别瞎想了

211

｜这可太神了｜

月光菩萨,说:"不要拿他人的过错来惩罚自己,生气不如争气,万事向前看,善待自己。"

 *月光菩萨协助东方琉璃世界的教主药师佛教化众生,是一位帮助世人摒弃杂念、清除烦恼,保佑众生远离苦难的菩萨。

学会合作

北岳大帝 说:"学会与他人合作,如大海一样开放包容,你会获得更多智慧和力量。"

---

 *北岳大帝是恒山之神,掌管着江河湖海、昆虫走兽等。

客观地看待此事

文财神·比干

★ 翻开下页查看解析→

这可太神了

比干说:"不要急于表达自己的观点,先尝试换位思考,从而保证看待问题的客观性。"

---

* 比干本是商朝重臣,屡劝纣王励精图治,却遭无情剖心而死。传说因比干失去心脏不会偏心,故被人们奉为文财神,以保佑交易公平、买卖公道。

你的善良要有度

★翻开下页查看解析→

吕洞宾 说:"不要将自己的好意强加给他人,适度行善可以避免给他人带来误解和不适。"

 *吕洞宾是"八仙"之一,曾抓住过下凡作怪的哮天犬,因心生怜悯将其放了,结果反被其咬了一口。

这件事意义非凡

徒劳龙

★翻开下页查看解析→

这可太神了

徒劳龙 说: "每一次的重复看似微不足道,但逐渐积累也会实现从量变到质变的飞跃。"

 *徒劳龙是《西游记》中泾河龙王的第五个儿子,他的职责是为佛祖释迦牟尼敲钟。

不用纠结

★翻开下页查看解析→

::: {style="text-align:center"}
这可太神了
:::

中岳大帝 说:"事物有其自身的发展规律,过于执着于某个结果,有时会导致更多的焦虑和困扰。"

 *中岳大帝是嵩山之神,主管山川、林地、沼泽、沟谷之类的自然地貌,是自然界的重要守护神。

学会享受孤独

★翻开下页查看解析→

> 这可太神了

柏鉴 说:"站在高处虽然会感到寒冷和孤独,但是也有睥睨天下的豪情与视野。"

 * 柏鉴这个人物出自小说《封神演义》,原为黄帝的总兵,战死后尸身与魂魄沉入海底千年,被姜子牙救出苦海后,才得以解脱。

这不值得你念念不忘

★ 翻开下页查看解析 →

> 这可太神了

孟婆**说：**"学会忽视这些无关紧要的小事，保持清晰的头脑和高效的生活节奏才是关键。"

＊孟婆是地府中负责熬制"孟婆汤"的幽冥之神，她的孟婆汤可以让轮回的亡魂忘记前生记忆。

再多想一步

★ 翻开下页查看解析→

> 这可太神了

准提道人 说:"人生处处充满不确定性,懂得未雨绸缪,才能在风险来临时轻松应对。"

---

 *准提道人是小说《封神演义》中西方教的教主之一,生性爽朗,曾劝说师兄接引道人介入商周大战,西方教也借此繁荣起来。

找到问题的突破口

毗蓝婆菩萨

★ 翻开下页查看解析→

> 这可太神了

毗蓝婆菩萨说:"一物降一物,找准突破口,就能一击制胜。"

* 毗蓝婆菩萨是昴日星官的母亲,曾帮唐僧师徒解毒,并打败百眼魔君。

作出让步

★翻开下页查看解析→

这可太神了

敖丙**说：**"要学会审时度势，以退为进，太过冒进可能会满盘皆输。"

＊敖丙是东海龙宫三太子，英勇神武，曾与哪吒发生冲突，最后惨死在哪吒的乾坤圈下。

聆听自己的声音

★ 翻开下页查看解析→

敖摩昂 说:"他人的意见有时候会影响你的选择,保持独立思考会帮助你明辨是非。"

 * 敖摩昂是西海龙宫大太子,他的表弟鼍龙曾抓住唐僧要吃唐僧肉,幸好敖摩昂将唐僧救了下来。

休息一下

保生大帝

★ 翻开下页查看解析→

> 这可太神了

保生大帝说:"为了理想而奋斗的同时,不要忽略健康,健康的体魄是一切的前提。"

 *保生大帝也叫大道公,是中国东南沿海地区敬奉的医神。

问问身边的女性长辈

碧霞元君

★ 翻开下页查看解析→

> 这可太神了

碧霞元君 说:"有时候你会陷入当局者迷的状态,身边的亲朋好友,尤其是女性长辈可能会给出合理的建议。"

 * 碧霞元君是坐镇泰山的女性尊神,也是妇女和儿童的守护神,人称"泰山奶奶"。

把结果交给时间

韦护

★翻开下页查看解析→

这可太神了

韦护**说:**"成功有时不在难易,在于是否身体力行地去做,坚持下去,就是收获。"

---

* 韦护是小说《封神演义》中阐教仙人道行天尊的弟子,虽然他的战绩较少,不过他沉稳忠诚,最终修成仙道。

先找到问题的根源

★ 翻开下页查看解析→

> 这可太神了

虬龙说:"只有真正找准了问题的根源所在,那些看似棘手的问题才会迎刃而解。"

---

* 虬龙是古代传说中一种有角的龙,在现代汉语中,人们也用其比喻盘曲的篆字和蜿蜒曲折的树枝。

本页前的第三个答案

这可太神了

---

 * 打神鞭是小说《封神演义》中元始天尊赐给姜子牙的木鞭,共二十一节,每节有四道符印,用它打名字在封神榜上的人时,常常能够一击毙命。

去外面走走吧

> 这可太神了

后土皇地祇说:"疲惫的时候要去户外走走,这会让大脑放松,还能缓解压力和焦虑。"

 ＊后土皇地祇是大地母亲之神,掌管山河风土的变迁、万物生灵的繁衍等。

兑现你的承诺

武财神·关公

★ 翻开下页查看解析→

这可太神了

关公 说:"每一个承诺都是对自己信誉的一次投资,
每一次的履行都是对这份投资的增值。"

 *关公本是三国时期的蜀汉名将,武艺高强,重信义,后世的人因此将他奉为武财神,以保佑买卖过程中诚信无欺。

你的愿望就要实现了

★翻开下页查看解析→

> 这可太神了

普贤菩萨说:"目标坚定地去做你应该做的事,持续努力,就会有好事发生。"

---

* 普贤菩萨是佛教修行层次最高的菩萨之一,其佛性坚定不移,常协助佛祖教化众生。

不要否定你自己

★翻开下页查看解析→

> 这可太神了

燃灯佛 说："你的价值从来不存在于别人眼中，不要让别人的定义掩盖你真正的闪光点。"

---

 *燃灯佛是佛祖释迦牟尼的老师，他出生时，天下四方都明亮异常，连日月也黯然失色。

需谨慎对待

夏瘟使者·刘元达

★翻开下页查看解析→

刘元达神 说:"做事前要提前想到最坏结果,制定相应措施,未雨绸缪。"

 * 刘元达是夏瘟使者,也是掌管南方瘟疫的瘟神,他长着人身马头,在民间,人们通过祭祀来祈求他的庇佑,以避免夏季瘟疫的侵袭。

专注于当下

这可太神了

药师佛 说:"学会放下过去的遗憾和未来的担忧,
而不是让它们成为你的负担。"

---

* 药师佛还是菩萨时,曾发下十二个誓愿,
愿度化世人,解除众生疾苦。

你需要另辟蹊径

★ 翻开下页查看解析 →

这可太神了

余元说:"不要仅仅依赖常规方法去解决问题,敢于跳出框架,你会有新的机遇和可能。"

---

* 余元是小说《封神演义》中的截教弟子,虽然他不善作战,但在修道方面练就了金刚不坏之身,实力不容小觑。

该出手时就出手

灵吉菩萨

★翻开下页查看解析→

这可太神了

灵吉菩萨 说:"当你因真诚帮助他人而赢得感激和尊重时,你的自信心和幸福感也在逐渐提升。"

＊灵吉菩萨的形象出自《西游记》,他法力广大,曾使用法宝飞龙杖,帮孙悟空在取经途中降伏黄风怪。

不要继续错下去了

★翻开下页查看解析→

这可太神了

祝融说:"如果你已经注意到了某些错误行为,要勇于改正,不要视而不见。"

 *祝融是著名的火神,骁勇善战,又十分忠诚,曾大义灭亲,讨伐儿子共工。

既来之，则安之

★ 翻开下页查看解析 →

这可太神了

金光仙 说:"当你对改变不再焦虑或恐惧时,负面情绪不仅会减少,问题也会迎刃而解。"

* 金光仙是《封神演义》中的截教门人,在一次法阵中败在了阐教仙人慈航道人的手里,从此成了他的坐骑。

保持独立思考，不要盲从

★翻开下页查看解析→

黄帝说:"不要盲目服从权威,要敢于质疑,并通过实际行动去验证。"

---

* 黄帝作为中央天帝,掌管中央之地,同时监管东南西北四方和春夏秋冬四季,职责广泛,威望极高,权力极大。

不要逃避

★翻开下页查看解析→

这可太神了

钟仕季 说:"正视自己的缺点,并积极改正,不要害怕批评,更不要讳疾忌医。"

 * 钟仕季是冬瘟使者,也是掌管北方瘟疫的瘟神,他长着人身和乌鸦的头,在民间,人们通过祭祀来祈求他的庇佑,以避免冬季瘟疫的侵袭。

看开点

★ 翻开下页查看解析 →

这可太神了

蓝采和 说:"面对失去保持乐观的态度,可以更好地面对未来的不确定性和挑战。"

 * 蓝采和是家喻户晓的"八仙"之一,他思维敏捷、言辞幽默,经常钱掉了也不寻找,还将钱送给穷困的人。

不要包庇错误

★翻开下页查看解析→

> 这可太神了

王灵官 说:"隐瞒错误往往会导致问题进一步恶化,及时发现并改正,才能将损失降到最小。"

 *王灵官是道教中的护法神,负责纠察天上、人间的善恶诸事,统率百万天兵神将守卫天庭。

离开

★翻开下页查看解析→

> 这可太神了

王方平 说:"若不满于当前的状态,与其苟延残喘,不如及时止损,去做新的尝试。"

＊王方平原本是汉朝人,才高八斗,仕途显赫,后来毅然弃官修道,飞升成仙,任职于天庭。

向前看，别回头

★翻开下页查看解析→

这可太神了

麻姑 说:"人与万物,皆为过客,不要让昨天的遗憾取代当下的幸福。"

 * 麻姑也被称为寿仙娘娘,虽然外貌只有十八九岁,但实际上年纪很大了,曾经三次看到东海变成桑田。

到了你拼毅力的时候了

真武大帝

这可太神了

真武大帝说:"即使是微小的一步,也会因为你的毅力而带来重大的成就。"

* 真武大帝是北方之神,传说他修炼的地方就是今天的武当山,"武当"即"非真武不足以当之"的意思。

寻找合适的时机

★翻开下页查看解析→

这可太神了

妈祖**说:** "等风浪过去再行动,天时地利人和,缺一不可。"

---

* 妈祖是保佑四海的女神,统领包括四海龙王在内的一众水神。

要早做打算

★翻开下页查看解析→

这可太神了

龙女说:"提前做好充足准备,可确保事情按照预期进行。"

 * 龙女是龙王的女儿,美丽善良,八岁便献珠成佛。

先想好后果

这可太神了

马王爷说："如果这个选择的后果是你无法承担的，那就不要这么做。"

---

* 马王爷是古代民间著名的护法神，他长有三只眼，负责监察人间，性情直爽，做事雷厉风行。

与过去的事和解

★翻开下页查看解析→

这可太神了

轮转王 说:"放过过去的自己,并不意味着逃避问题,而是以一种更加成熟和理性的态度去处理它们。"

 *轮转王是地府第十殿的阎王,众亡魂都会被押送到此处,被轮转王核实罪孽后发往不同的轮回之路,开启全新的生命之旅。

不要被表象欺骗

枕怪和屐怪

★翻开下页查看解析→

这可太神了

枕怪和屐怪 ,说:"诱人的包装常常被用来掩盖真相,保持警惕,避免被虚假信息所误导。"

*古人认为,存放在家中的旧物,时间久了就会变成精怪,而枕怪和屐怪就是由家中老旧的枕头和木屐变成的精怪。

时刻保持警惕

★ 翻开下页查看解析 →

> 这可太神了

日游神 说:"时刻保持敏锐而谨慎的心,避免在不经意间成为被他人利用的工具。"

 * 日游神是巡察人间善恶的城隍部将,与夜游神一起轮流值守日夜。

做好分内的事

> 这可太神了

赤髯龙 说:"每个人在社会中都有特定的角色,要承担起自己的责任,不推卸、不逃避。"

* 赤髯龙是《西游记》中泾河龙王的第四个儿子,也是镇守黄河的龙神。

避免感情用事

★ 翻开下页查看解析→

这可太神了

三霄仙子 说:"决策时必须充分考虑实际情况,避免主观臆断和盲目行动带来的一系列不良后果。"

---

* 三霄仙子是小说《封神演义》中云霄、琼霄和碧霄三姐妹的合称,曾在商周之战中劝说她们的哥哥赵公明审时度势。

列出你行动的计划

多宝道人

★翻开下页查看解析→

这可太神了

多宝道人说:"周密的计划有助于你合理分配和利用资源,从而确保实现最大效益。"

 * 多宝道人是小说《封神演义》中的截教弟子,功力深厚,善于布阵。

用一首歌的时间
放空自己

★翻开下页查看解析→

这可太神了

白帝说:"听音乐能对大脑产生积极的影响,可以改善记忆,还能缓解痛苦和焦虑,带来幸福感。"

* 白帝是统御西方的神明,据说他是黄帝的长子,擅长弹琴。

不要慌张

★翻开下页查看解析→

> 这可太神了

张道陵 说:"接受生活中的不确定性,才能在面对
逆境时迅速恢复常态并重新站起来。"

 * 张道陵是道教的四大天师之一,相传曾奉太上
老君的命令,临危不乱斩杀过为祸人间的鬼魔。

去做喜欢的事

★ 翻开下页查看解析→

> 这可太神了

韩湘子说:"投入到自己热爱的活动中,可以有效地缓解压力和焦虑等负面情绪。"

 *韩湘子是家喻户晓的"八仙"之一,他生性不羁,特立独行,不爱读书,只喜欢醉酒高歌。

洒脱一些

★翻开下页查看解析→

这可太神了

赤脚大仙说:"处理问题时要注意抓住主要矛盾,不要在琐碎细节上浪费精力。"

＊赤脚大仙曾与恶龙交战,将鞋子甩飞,战胜恶龙后赤着脚悠然返回洞府。

用心对待每一个细节

★翻开下页查看解析→

> 这可太神了

井神**说:**"有的事对你来说是小事,对别人可能意义重大,做好它,不要随意辜负他人的期待。"

＊井神就是掌管井的神,由于水井在古代是重要的水源,所以井神在人们心中有着十分重要的地位。

放下个人得失

★ 翻开下页查看解析→

> 这可太神了

许逊 说:"不再过分关注自己的利益得失时,更容易与他人的立场和情感产生共鸣。"

* 许逊是道教的四大天师之一,最初为官时就深受百姓的爱戴,后来归隐修炼,在后世被奉为天师。

看淡一些

★翻开下页查看解析→

这可太神了

须菩提祖师(神) 说:"过分追求名利会带来巨大的心理负担,可能导致焦虑、抑郁等心理问题。"

＊ 须菩提祖师是孙悟空的师父,虽然修为已达到与天同寿、超脱生死的境界,却淡泊名利,与世无争。

提前布局

鱼篮观音

★翻开下页查看解析→

> 这可太神了

鱼篮观音 说:"做事学会提前布局,能让你不直接参与战斗也可以取得胜利。"

 * 鱼篮观音是观音菩萨的诸多形象之一,据说是因为她用鱼篮帮助唐僧师徒收伏了南海莲花池中的金鱼化成的妖怪,所以得此"美名"。

小心祸从口出

这可太神了

宋帝王说："多听少言，不会说话就别说，微笑就足够了。"

 *宋帝王是地府第三殿的阎王，凡是生前忤逆长辈，教唆别人作恶，或曾陷害、诬告他人的亡魂，都将受到宋帝王的惩罚。

积极看待此事

★翻开下页查看解析→

这可太神了

萨守坚 说:"追求内心的平静和培养乐观的心态是保持活力四射的关键。"

 * 萨守坚是道教的四大天师之一,他长年学习长生之道,虽年纪渐长但感官依然灵敏,筋骨也依然健壮。

避免先入为主

韩毒龙和薛恶虎

★ 翻开下页查看解析→

> 这可太神了

韩毒龙和薛恶虎 说:"避免一开始就对人或事形成固定而笼统的看法,从而导致不公正的评价和对待。"

 *韩毒龙和薛恶虎是《封神演义》中的阐教弟子,虽然两人名字听起来"来者不善",但实际上他们在商周大战中为伐纣做出了不小的贡献。

不可冒进

★翻开下页查看解析→

> 这可太神了

金吒说:"追求目标时应投入时间做长期准备,可以避免因冒进而带来的风险。"

---

* 在小说《封神演义》中,金吒是木吒、哪吒的哥哥,他靠过人的胆识和智谋,潜伏于敌人的军队,最终攻破了敌人镇守的关口。

等待一个好时机

★翻开下页查看解析→

龙须虎 说:"不要因被忽视而自暴自弃,努力保持自己的状态,等待机会的到来。"

* 龙须虎是一只上古时代的神兽,擅长快速用石头攻击敌人,这一优势被姜子牙看中,让他辅佐自己完成封神大业。

保持理性

> 这可太神了

土行孙 说: "时刻警惕偏激行为导致的不可预测的隐性威胁。"

---

 * 土行孙是小说《封神演义》中阐教仙人惧留孙的弟子,个头不高,擅长地行术,曾听信了申公豹的蛊惑运用地行术,差点酿成大错。

结果并不是
非黑即白的

★翻开下页查看解析→

这可太神了

申公豹 说:"避免简单地用'黑''白'来界定事物,而是要考虑到它们的复杂性和相对性。"

---

 * 申公豹是小说《封神演义》中元始天尊的弟子,但他心术不正,阴险狡诈,曾对武王伐纣造成了很大的阻碍,但也间接推动了封神大业的进行。

细心观察后再做决定

★翻开下页查看解析→

阎罗王 说:"细心观察能让你抽丝剥茧,从复杂的信息中找到问题的关键。"

 *阎罗王掌管地府第五殿,凡是来到第五殿的亡魂,刚正不阿的阎罗王都会细细考证他生前的所作所为,再决定如何处置。

好好斟酌后再做选择

★翻开下页查看解析→

殷郊 说:"命运虽然不可抗拒,但你的选择却可以在一定程度上塑造你的命运。"

 * 在小说《封神演义》中,殷郊是商纣王的长子,由于妲己的迫害被迫逃离皇宫,后来成为阐教弟子潜心修炼,但因听信申公豹的挑唆而背叛师门,最后惨死。

适合你的才是最好的

★翻开下页查看解析→

这可太神了

城隍爷 说:"在生活中找到适合自己的角色,等成就一番事业时,那便是你最自豪的时刻。"

 *城隍爷是城镇保护神,每座城都有自己的城隍爷,他们不仅能剪恶除凶、护国安邦,还掌管着一个地区的水土气候,负责落实一城居民的生死祸福。

数到五，再翻一次

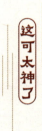

 *山河社稷图是小说《封神演义》中女娲的法宝,进入图中之人可幻想成真,凡其所思、所想,皆能在图中实现。

你会有所收获

★翻开下页查看解析→

这可太神了

蓐收 说:"你每天的坚持和努力,都会在不经意间为你积累成巨大的成果。"

 ＊金神蓐收既是西方天帝少昊的儿子,也是其属神,辅佐少昊治理西方之地的同时,掌管象征收获的秋季。

努力是值得的

阿难尊者

★翻开下页查看解析→

这可太神了

阿难尊者 **说:** "酒香不怕巷子深,努力让自己变得优秀,总会有人欣赏你。"

* 阿难尊者是释迦牟尼的弟子,他面容俊秀,博闻强记,在佛祖的众弟子中有着"多闻第一"的称号。

避免刻板印象

★ 翻开下页查看解析 →

这可太神了

帝江 说:"要尽可能全面、深入地了解它,避免一些不必要的偏见。"

 *帝江是《山海经》中记载的一只奇怪的神兽,它没有完整的面目,且生有六只脚和四个翅膀。虽然帝江长相怪异,但也有自己的专长,它是歌舞方面的行家。

如果感到愤怒，
那就倒数 12 秒再去想

龟灵圣母

★翻开下页查看解析→

这可太神了

龟灵圣母说:"12 秒是个黄金时间,坚持在这段时间内不作任何冲动反应,会重新唤回你的理智。"

 * 龟灵圣母是小说《封神演义》中的截教弟子,曾因为同门的死而暴怒,最终因处理方式的不理智让自己走向了悲惨的结局。

保持饱满的精神状态

大势至菩萨

★翻开下页查看解析→

这可太神了

大势至菩萨说:"面对困难时,保持积极饱满的精神状态,可以增强你的抗压能力,帮你最终克服困难。"

 *大势至菩萨是智慧的化身,用智慧之光普度众生,使人们获得至高的精神力量。

大度一些

镇元大仙说:"人们更愿意与大度、乐观的人交往和合作,而这样的人也更容易看到机会和美好。"

* 虽然镇元大仙的人参果树被孙悟空推倒了,但他却被孙悟空保护师父的孝心所打动,在孙悟空救活人参果树后,大度地放师徒四人西行。

询问他人的意见

银锁将军

★ 翻开下页查看解析→

这可太神了

银锁将军,说:"那些与你密切合作或了解你的人,他们的观点可能会帮助你发现盲点。"

 *银锁将军是城隍爷的部下,他常常与金枷将军彼此配合,将亡魂押送至奈河桥,职责类似于古代的捕快。

不要暴露你的弱点

★ 翻开下页查看解析→

这可太神了

成德器 说:"明确自己的能力范围,避免在不熟悉的领域深入讨论,减少暴露弱点的风险。"

 * 成德器是一只旧酒瓮变成的精怪,十分爱好喝酒,酒量奇好,但他的致命弱点就是喝醉后会现出酒瓮原形。

不忘初心

旃檀功德佛·唐三藏

★ 翻开下页查看解析→

> 这可太神了

唐三藏 说:"在这个喧嚣的世界里,不妨静下心来,倾听自己内心最初想要的是什么。"

 ＊唐三藏作为取经路上的提灯人,无论艰难险阻,始终不忘初心、砥砺前行,终于遍历八十一难修成正果,获封旃檀功德佛。

这是顺手的事

★翻开下页查看解析→

┌─────┐
│ 这 │
│ 可 │
│ 太 │
│ 神 │
│ 了 │
└─────┘

杨柳观音 说："再微小的善举都能散发光和热，成为你生命中推动你向上的强大力量。"

 * 杨柳观音是观音菩萨的诸多形象之一，手中的杨柳枝能够祛除百病。传说，观音菩萨曾用杨柳枝蘸取净瓶里的水，为饱受旱灾之苦的人们降下甘霖。

维持积极向上的心态

净坛使者菩萨·猪八戒

★ 翻开下页查看解析→

这可太神了

猪八戒 说:"即便身处困境,积极的思考方式也会带你发现希望,重获力量。"

 * 猪八戒开朗乐观,幽默又独特,是师徒间的调和剂,在经历八十一难后修成正果,获封净坛使者菩萨。

要有准备

★翻开下页查看解析→

这可太神了

小黄龙说:"机会稍纵即逝,想要迅速抓住需早做准备,从而减少因盲目行动而导致的失误。"

---

* 小黄龙是《西游记》中泾河龙王的长子,镇守淮河。

结果如何
在于你自己

送子观音

★ 翻开下页查看解析 →

这可太神了

送子观音 说:"情感寄托只是一个辅助工具,真正的成长和进步还需要靠你的努力和智慧。"

 * 送子观音是古代民间最常供奉的观音菩萨的形象之一。古人相信,送子观音能够保佑家中儿女健康、子孙兴旺。

这已经很棒了

小骊龙

★翻开下页查看解析→

这可太神了

小骊龙说:"即便是再微小、再不起眼的进步,也完全值得你为此庆祝。"

---

* 小骊龙是《西游记》中泾河龙王的次子,也是镇守济水的龙神。

用最"接地气"的方式尝试解决

★翻开下页查看解析→

这可太神了

土地神 说:"当你不再被物质欲望所驱使时,你会发现生活中的美好和幸福其实触手可及。"

 * 土地神也叫土地公,是中国民间传说中的地方保护神,虽然位卑权低,却是最贴近凡人生活的神明。

灵活处理

★ 翻开下页查看解析→

这可太神了

罗宣 说:"灵活调整自己的决策和行动计划,能够使你在复杂多变的环境中保持优势。"

 * 罗宣是小说《封神演义》中在火龙岛上修炼的截教仙人,擅长驾驭火焰,曾利月三头六臂的神通以一敌六,在被围攻的情况下,其战斗能力仍然十分强大。

不要被欲望所支配

虎皮女

★翻开下页查看解析→

这可太神了

虎皮女 说:"真正的幸福不在于所得多寡,而在于精神是否富足。"

 *虎皮女是老虎变成的精怪,她们穿上虎皮时为猛虎,脱下虎皮就会化作美女,有的虎皮女会刻意脱下虎皮,利用美女的形象害人。

本页前的第二个答案

袖中宝盒

这可太神了

＊袖中宝盒是小说《封神演义》中元始天尊的法宝,能收容万物,通常装在元始天尊的袖子里。

也许是一个转机

乌云仙

★ 翻开下页查看解析→

> 这可太神了

乌云仙说:"挫败并非纯粹的负面结果,它也可以是成功的前奏和机会。"

---

 * 乌云仙是小说《封神演义》中的截教门人,本是一只修炼成人形的鳌鱼,在某次战败后变回鳌鱼住在西方胜境的浴池里。

把握机会

文财神·范蠡

★ 翻开下页查看解析→

> 这可太神了

范蠡说:"'得时无怠,时不再来',当机会摆在眼前时,要善于把握住它。"

*范蠡本是春秋时期的越国名臣,后来归隐江湖,经商致富,他的商业思想和理论对后世产生了重要影响,被人们尊为"商圣",并被奉为文财神。

顺应趋势

毗芦仙

★翻开下页查看解析→

> 这可太神了

毗芦仙 说:"在不断变化的环境和条件中,及时调整策略和思路才能适应新的形势和需求。"

 * 毗芦仙是《封神演义》中的截教门人,在群仙大战中战斗力并不突出。面对自己阵营的日渐衰落,他选择了加入更有发展潜力的队营。

真诚是必杀技

马面

★翻开下页查看解析→

马面说:"真诚的态度会促进彼此之间的顺畅沟通,使双方更加用心地投入到合作中。"

* 马面和牛头是地府的一对搭档,负责将驻留人间作恶的亡魂拘捕到案。

先做准备工作

★翻开下页查看解析→

> 这可太神了

青帝 说:"'工欲善其事,必先利其器'。只有工具锋利,才能保证工作的效率。"

 *青帝是统领东方的神明,同时执掌春季,曾发明渔网,使人们丰衣足食。

作出退让

★翻开下页查看解析→

这可太神了

金箍仙 说:"有时退让和隐忍并非懦弱,而是一种深谋远虑的表现。"

 * 金箍仙是《封神演义》中的截教门人,在一次战败后并没有与对方死磕到底,而是选择退让,最后消失得无影无踪。

放下执念

★ 翻开下页查看解析→

> 这可太神了

地藏菩萨说:"折磨你的并非他人,而是你不切实际的幻想和期待。"

---

* 地藏菩萨作为幽冥诸神的首领坐镇地府,曾立下誓愿救助地狱众生,引导地狱的人们诚心悔悟、改过自新。

保持开放心态,随机应变

接引道人

★翻开下页查看解析→

这可太神了

接引道人说:"在处理问题时,要学会变通,避免陷入单一思维模式的陷阱。"

---

* 作为西方教的教主,接引道人法力高深,但却为人执拗,不懂变通,性格还内向,不擅与人交际。

心怀感恩

★ 翻开下页查看解析→

> 这可太神了

卞城王说:"感恩的心态会让你更倾向于以建设性的方式面对问题,而不是陷入无助或逃避。"

* 卞城王是地府第六殿的阎王,凡是生前不孝顺父母或时常怨天尤人的亡魂,都会交给卞城王惩处。

控制自己

★翻开下页查看解析→

> 这可太神了

敬元颖**说:**"欲望是进步的动力,但不要让他人利用你的欲望操控你的行为和决策。"

---

* 敬元颖是千年铜镜成精,可以看透人内心的欲望,曾被一恶龙控制,利用他的这个能力害人。

把扰乱你的思绪
都写下来

毛笔童子

★翻开下页查看解析→

> 这可太神了

毛笔童子 **说**："避免陷入'选择迷糊'状态的最好办法就是把你的想法或计划写下来。"

---

* 毛笔童子是毛笔变成的精怪,虽然是孩童的模样,但满腹经纶,不仅出口成章,还善于吟诗作对。

不可投机取巧

五官王说:"走所谓捷径,往往是绕了远路,卓越永远属于默默耕耘的人。"

---

* 五官王是地府第四殿的阎王,凡是生前曾为一己私欲偷奸耍滑,存在抵赖债务、买卖欺诈等劣迹的亡魂,都将由五官王予以施刑。

本页后的第一个答案

混元锤

这可太神了

 *混元锤是小说《封神演义》中的一种投掷类兵器,威力强大,使用时霞光万道。

认真对待当下之事

青背龙

★翻开下页查看解析→

> 这
> 可
> 太
> 神
> 了

青背龙 说:"不要小看正在做的事情,它可以提升你的阅历和能力,为未来发展打好基础。"

---

* 青背龙是《西游记》中泾河龙王的第三子,也是镇守长江的龙神。

寻求强者的帮助

★翻开下页查看解析→

风伯 说:"学会与身边的强大力量互利共赢,成事会更容易。"

* 风伯是上古时代掌管风的神,在蚩尤与黄帝的大战中,曾作为蚩尤的得力部将,多次重创黄帝的大军。

找到适合的方法

★翻开下页查看解析→

> 这可太神了

西岳大帝 说:"解决一件事就像铸铁一样,你想要什么样的结果,取决于你的锻造手法。"

* 西岳大帝是华山之神,主管金银铜铁的冶铸,以及羽禽飞鸟之事。

是时候放手了

★ 翻开下页查看解析→

这可太神了

鼍龙 说:"你无法控制或拥有所有事物,强求只会给你带来烦恼和挫败感。"

---

* 鼍龙是《西游记》中泾河龙王的小儿子,曾霸占黑水河河神的水府,掳走渡河的唐僧,后来被敖摩昂降伏。

慢下来

★ 翻开下页查看解析→

这可太神了

铁拐李_神说:"减缓生活节奏可以留出更多的时间去放松,有助于保持身心健康。"

*铁拐李是"八仙"之首,蓬头垢面,跛了一只脚,拄着铁拐,一举一动尽显不羁。

再想想

★翻开下页查看解析→

杨戬说:"充分了解和理性分析后,再做出决策,能够使你迅速抓住机遇。"

---

* 在小说《封神演义》中,杨戬审时度势、随机应变,总能扭转不利的战局。

试着去给予他人支持

★翻开下页查看解析→

> 这可太神了

清虚道德真君说:"当你不带有任何条件目的去给予时,你会获得这个世界上最高级的快乐。"

* 清虚道德真君是小说《封神演义》中阐教的弟子,拥有许多法宝、兵器,但他全部分给了自己的两位弟子,帮助他们各展雄才。

多接触一些新事物

★翻开下页查看解析→

这可太神了

葛玄说："在专业领域内达到一定深度的同时，拓宽知识的广度会为你提供更丰富的视角和思路。"

*葛玄是道教的四大天师之一，他自幼学道，擅长降妖捉鬼，拥有变幻莫测的法术。

别小看它

★翻开下页查看解析→

汉钟离 说:"看似简单的事物可能隐藏着复杂原理,在深入探究之前,要保持谦逊和谨慎的态度。"

 * 汉钟离是家喻户晓的"八仙"之一,手中的扇子看似平凡,却蕴含呼风唤雨、遮天蔽日的神力。

接受这件事的结果吧

★翻开下页查看解析→

这可太神了

高友乾说:"凡是你所抗拒的,都会控制和折磨你;
凡是你所接纳的,都会化解和消散。"

---

* 高友乾是小说《封神演义》中在九龙岛上修炼的截教仙人,其同修王魔死去之后,高友乾在为他报仇的混战中遭到姜子牙偷袭而丢了性命。

勇于试错

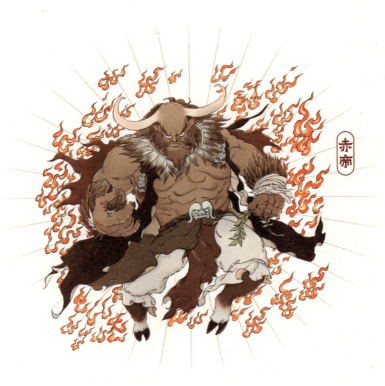

★ 翻开下页查看解析→

｜这可太神了｜

赤帝说："脱离实际的理论就是一句空话，只有实践过才知道对错。"

---

* 赤帝也叫炎帝，是统领南方的神明，他创造了农具，还曾以身试毒、遍尝药草，在后世留下了"神农尝百草"的传说。

听听过来人的经验

东岳大帝

★翻开下页查看解析→

这可太神了

东岳大帝说:"有时候身处其中,看问题反而糊涂,有经验的人可以帮我们拨开迷雾。"

---

* 东岳大帝是泰山之神,护佑山河安泰、家国太平,还掌管着地府幽冥之事。

站得高，则看得远

稳兽龙

★ 翻开下页查看解析→

> 这可太神了

稳兽龙 说:"拥有更高的认知层次,能够更全面地把握事物的发展规律,作出更明智的决策。"

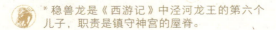

* 稳兽龙是《西游记》中泾河龙王的第六个儿子,职责是镇守神宫的屋脊。

断除你的杂念

平等王

★翻开下页查看解析→

> 这可太神了

平等王说:"不要被你的私心杂念所影响,内外兼修,才能防微杜渐。"

---

* 平等王是地府第九殿的阎王,凡是生前杀人放火、被依法处死的亡魂,都会由平等王进行严厉的惩治。

回头看看

★ 翻开下页查看解析→

⎨ 这可太神了 ⎬

张果老说:"回顾过去的经历,从中汲取经验和教训,可以避免在未来的道路上重蹈覆辙。"

* 张果老是家喻户晓的"八仙"之一,常抱着渔鼓,倒骑驴,在山水间悠然漫步。

问题很快会解决

千里眼和顺风耳

★翻开下页查看解析→

> 这可太神了

千里眼和顺风耳说:"做事前先收集更多有用的信息,有助于看清问题本质对症下药。"

---

* 小说《西游记》中,千里眼和顺风耳是灵霄宝殿上的两员天将,一个能眼观六路,一个能耳听八方。

状况可能会发生变化

★ 翻开下页查看解析→

山神 说:"情况随时会变,做好各种应对策略,遇事才不会慌乱。"

---

 * 每座山都有它的山神,他们掌管花草树木、飞禽走兽以及阴晴冷暖、旱雨灾害等。

好事将至

★翻开下页查看解析→

这可太神了

杨任说:"挫折和困难有时会转化为其他形式的能量,为你带来新的机遇和可能。"

---

* 杨任是小说《封神演义》中商纣王的臣子,被商纣王残忍地剜去双眼后丢了性命,后来被阐教仙人清虚道德真君所救,不仅收他为徒,还赐予了他一对"神光射耀眼"。

扔掉多余的东西

★翻开下页查看解析→

> 这可太神了

中溜神 说:"学会整理归纳,可以让人有条理,整洁有序的环境,也能让人更加专注地思考。"

---

* 中溜神是保护厅堂和内室的神。

这次不算，再翻一次

攒心钉

这可太神了

* 攒心钉是小说《封神演义》中的法宝，使用时需要将它飞掷出去，其主要作用是针对敌人的心脏进行攻击。

不要偏袒任何一方

★ 翻开下页查看解析 →

> 这可太神了

崔珏说:"公正的判断能引发周围人的积极回应,这是一个良性循环的过程。"

---

* 崔珏是掌管阴律司的判官,他能够为善良的人增添寿命,让邪恶的人丧命。

好的回报需要长久的等待

★翻开下页查看解析→

> 这可太神了

敬仲龙 说:"为了获得更有价值的长远结果,需要放弃当前的舒适和娱乐,学着忍受枯燥。"

 * 敬仲龙是《西游记》中泾河龙王的第七个儿子,负责为玉帝看守擎天华表,保护其不受损害,极大地维护了天庭的威严和秩序。

利用自己的优势

★翻开下页查看解析→

> 这可太神了

金灵圣母说:"利用自己的优势作为'支点',深挖并巩固它,你就可以撬动更大的成果。"

---

* 金灵圣母是小说《封神演义》中通天教主门下的四大亲传弟子之一,有众多法宝,法力高强。

避免过于尖锐的言辞

★翻开下页查看解析→

这可太神了

广成子说:"与人交流时,真诚温和的态度可以避免突然的转变引起对方的反感。"

* 广成子是小说《封神演义》中阐教的弟子,虽然法力高深,但在大事上总能沉稳、睿智地通过沟通和协商来解决问题。

不要吝惜你的善意

★翻开下页查看解析→

这可太神了

魏徵_神说:"你的喜悦和好运,常常源自你所积累的善行。"

---

 *传说掌管地府中赏善司的判官是唐代名臣魏徵,他生前为人刚正耿直,死后被奉为判官,负责根据善良的人生前的善行对他们进行褒奖。

需要你好好斟酌

★翻开下页查看解析→

五道将军说:"从心所欲而不逾矩,会帮你避免无谓的灾祸。"

---

* 五道将军是监管阎王、督察地府的地府最高神将,他虽是幽冥之神,却平易近人,公正坦荡。

给你一次机会，
再翻一次

这可太神了

 * 舍利子是小说《封神演义》中西方教教主接引道人的护身法宝,共三颗,当遇到危险的时候会自动出现在头顶,发射出金光,使敌人的法宝无法伤害到自己。

大胆尝试

★ 翻开下页查看解析→

这可太神了

赤精子 说:"拿出一往无前的锐气和魄力,有时会帮助自己赢得一线生机。"

---

* 赤精子是小说《封神演义》中阐教的弟子,在商周大战期间他曾不顾危险进入落魂阵,救出了姜子牙。

吐露心声

★ 翻开下页查看解析→

这可太神了

文殊菩萨 说:"有时候说出自己的想法和需求,才能更好地沟通,找到解决问题的方法。"

 * 文殊菩萨拥有极高的智慧与辩才,常常在佛祖释迦牟尼身边协助他弘扬佛法。

你只需要
静静等待即可

★翻开下页查看解析→

> 这可太神了

黑帝 说:"水流到的地方,沟渠自然形成;条件成熟,事情自然也会成功。"

* 黑帝是统御北方的神明,是白帝少昊的侄子,曾辅佐少昊治理国家。

只需展现真实的自己

★ 翻开下页查看解析→

这可太神了

螭龙 说:"真正有价值的不是华丽的外表和昂贵的包装,而是你独特的个性和丰富的精神世界。"

 *螭龙是《广雅》中记载的一种无角的龙,人们经常将它雕刻在古代建筑或工艺品上进行装饰,这种螭形纹就是龙纹的前身。

不要过分关注结果

★翻开下页查看解析→

这可太神了

秦广王说:"当你不再求回报时,所有的回报将会以惊喜的方式回到你的身边。"

* 秦广王是地府第一殿的阎王,也是十殿阎王之首,掌管人间的夭寿生死,并根据亡魂生前的善恶功业决定其轮回的去处。

看清楚再去做

秋瘟使者·赵公明

★翻开下页查看解析→

这可太神了

赵公明**说:**"要学会识别和分析潜在风险,时刻保持警惕并积极应对。"

---

* 赵公明有着多重身份,作为秋瘟使者时,他同时也是掌管西方瘟疫的瘟神,有着人身虎头的形象。人们通过祭祀来祈求他的庇佑,以避免秋季瘟疫的侵袭。

别浪费时间了

★翻开下页查看解析→

这可太神了

吕岳说:"一件事如果只能带来坏处,即便你付出了很多努力,也要停下来,及时止损。"

---

* 吕岳是小说《封神演义》中一位在九龙岛声名山修炼的截教仙人,精通瘟疫之术,炼制了许多能传播疾病的法宝,可以荼毒百万生灵。

会过去的

这可太神了

夜游神**说:** "面对困境时应保持耐心和坚韧不拔的精神,只要坚持下去,总能度过黑暗。"

* 夜游神是巡察人间善恶的城隍部将,与日游神一起轮流值守日夜。

别放弃

★ 翻开下页查看解析→

黄龙真人说:"调整好心态,那些未能击败你的,最终都会成为你变强大的力量源泉。"

---

 *黄龙真人是小说《封神演义》中阐教的弟子,虽然他能力一般,但每次群仙大战,他都准时到场,而且屡败屡战,毫不气馁。

是你想要的结果

★ 翻开下页查看解析→

白无常 说:"善良的人通常能得到他人的信任和帮助,在工作和生活中更容易取得成功。"

---

* 白无常和黑无常是一对鬼差,负责引导亡魂去地府。白无常的帽子上写有"一见生财",传达了一种对人们善行的赞赏和对美好生活的向往。

你值得为其付出努力

★ 翻开下页查看解析→

这可太神了

蛟 说："天赋只是个起点，而后天的努力才是你的升级攻略。"

---

 * 蛟也叫作蛟龙，是传说中的一种神兽，由水蛇历经五百年修行幻化而成，外形介于蛇与龙之间，经过努力最终可以成为龙。

量力而行

★翻开下页查看解析→

这可太神了

国师王菩萨说:"在自己的能力范围内,可以保持你的善良,但在自己的能力范围之外,要保护好自己。"

---

* 国师王菩萨是一位善于降妖除魔的菩萨,当唐僧师徒在小雷音寺遭遇黄眉大王时,国师王菩萨虽未亲自出面,但派了自己的弟子前去助战。

向阅历丰富的人求助

> 这可太神了

天狐 说:"阅历丰富的人往往有更强的洞察力,不会轻易被表象所迷惑。"

---

* 狐是极具灵性的动物,传说修炼千年的狐称为"天狐",能够通晓天意,预见天下之事。

划分出优先级

★翻开下页查看解析→

这可太神了

杏仙**说:**"将有限的精力放在真正重要的事情上,避免浪费在不值得的地方。"

*杏仙是杏树修炼成的妖精,遇到才华出众的君子,会主动现身结交。

看清现实

★翻开下页查看解析→

> 这可太神了

桂芳华 说:"对自己的能力和局限性要有清晰的认识,才能在决策时做出明智选择。"

 * 桂芳华是桂树精,化作人形与人来往,在被石亨命令会见国之栋梁于谦时,因对于谦的尊崇与敬仰而不敢轻易拜见,后消失得无影无踪。

谨慎点

★翻开下页查看解析→

> 这可太神了

楠木大王 说:"谨慎行事能让你发现可能存在的障碍,有助于减少损失。"

---

* 楠木大王是楠木精,出现时会风浪大作,凡是触碰到这块楠木的船只,都会被毁坏。

务必做到取之有道

★翻开下页查看解析→

这可太神了

樱桃鬼 说:"在面对诱惑时,要坚守自己的底线,不要为短暂的利益失去原则。"

*樱桃鬼是一个樱桃树变成的精怪,四肢和五官可任意拆分,喜欢喝酒,常常偷人类的酒喝。

舍弃一些物质追求

迦叶尊者

★ 翻开下页查看解析→

> 这可太神了

迦叶尊者(神)说:"物质带来的欢愉是短暂的,精神世界的丰富才会带来持久深刻的满足。"

---

 * 迦叶尊者是释迦牟尼的弟子,也是其众弟子中最没有执念的人,常常能感悟到旁人无法领会的高深思想。

无须在意别人的看法

八宝金身罗汉菩萨·沙悟净

★翻开下页查看解析→

这可太神了

沙悟净 说:"你的时间有限,所以不要浪费时间活在别人的看法里。"

---

* 沙悟净又叫沙和尚,在西天取经的路上从不出言抱怨,更没有过动摇,最后修成正果,获封八宝金身罗汉菩萨。

会一帆风顺的

千手观音

★翻开下页查看解析→

这可太神了

千手观音  说:"当你以豁达的心态面对生活中的不如意时,你会发现隐藏在里面的机遇,逆境也会变成顺境。"

* 千手观音是观音菩萨的诸多形象之一,拥有千手千眼,千手象征着无量的慈悲,千眼寓意着智慧的圆满。千手观音是大慈悲的象征,她庇护众生,为人们免除灾难。

有舍才有得

阿弥陀佛

★翻开下页查看解析→

这可太神了

阿弥陀佛说:"人的精力是有限的,必要时应舍弃一些东西,为真正重要的事物腾出空间。"

 *阿弥陀佛本是一位国王,后舍弃王位,出家为僧,最终建立了西方极乐世界。

试试从未实践过的新方法

文财神·王亥

★翻开下页查看解析→

这可太神了

王亥 说: "勇于探索的人,发现新机会的可能性会更大,敢想敢干,人生会创造出更多价值。"

---

 * 王亥原本是夏朝时商部落的首领,相传他开创了贸易的先河,有 "华商始祖" 的称号,被后世的人们奉为文财神。

放低姿态
也许是明智的

★翻开下页查看解析→

> 这可太神了

灵牙仙 说:"放下高高在上的姿态,往往更能赢得他人的好感和支持。"

---

 * 灵牙仙是小说《封神演义》中的截教门人,在一次群仙大战中被元始天尊的弟子——普贤真人降伏,从此成了他的坐骑。

提前想好这件事的结果

★ 翻开下页查看解析 →

杨森说:"要善于从已知事实中推导出结论,它会使你在生活中不会做出错误的决策。"

* 杨森是小说《封神演义》中在九龙岛上修炼的截教仙人,他擅长测算天机,在千里之外就算出了四圣之一王魔被杀的事。

尝试从不同的角度思考

南岳大帝

★ 翻开下页查看解析 →

> 这可太神了

南岳大帝 说:"自我封闭总会错过外界的新信息,跳出固有思维才能开拓更广阔的视野。"

 ＊南岳大帝是衡山之神,不仅掌管星辰分布与对应的地域,还兼管水族生物。

不要过于执着一时的得失

★ 翻开下页查看解析 →

> 这可太神了

虬首仙说:"胜败乃兵家常事,不被一时的胜负所左右,是取得成功的重要素质之一。"

* 虬首仙是小说《封神演义》中的截教门人,在一次把守法阵时被阐教仙人文殊广法天尊降伏,成为他的坐骑。

我们的终点不是答案,是勇敢。

作　　者：一　求
绘　　画：江　湖
美术设计：刘雅宁　张立佳　杨雅冰　汪芝灵

版权专有　侵权必究

图书在版编目（CIP）数据

这可太神了 / 一求著；江湖绘. -- 北京：北京理工大学出版社，2025.2（2025.2重印）.
ISBN 978-7-5763-4611-4

Ⅰ. B842.6-49

中国国家版本馆CIP数据核字第2024HU8547号

责任编辑：芈　岚　　**文案编辑**：芈　岚
责任校对：刘亚男　　**责任印制**：王美丽

出版发行 / 北京理工大学出版社有限责任公司
社　　址 / 北京市丰台区四合庄路6号
邮　　编 / 100070
电　　话 / (010)82563891(售后服务热线)
网　　址 / http://www.bitpress.com.cn

版 印 次 / 2025年2月第1版第12次印刷
印　　刷 / 雅迪云印(天津)科技有限公司
开　　本 / 710 mm x 1194mm　1/32
印　　张 / 16
字　　数 / 150千字
定　　价 / 88.00元

图书出现印装质量问题，请拨打售后服务热线，负责调换